親子閱讀繪本

幼兒學習是人生重要的啟蒙階段。在這期間培養幼兒主動學習和良好閱讀習慣，可為孩子們帶來畢生受用的裨益。

香港青年協會轄下三所幼稚園，一直致力提供最優質的幼兒教育。自2013年起，我們採用繪本教學，旨在運用優美文字和豐富圖畫，加強孩子的語文與藝術欣賞能力。同時，透過故事的深層意義，培養孩子正確態度和價值觀。在閱讀繪本後，校方亦會加入適當的延伸活動，促進孩子思考。

在實踐繪本教學的數年間，我們累積了不少寶貴經驗。藉著出版本書，我們盼望可協助家長有效地善用繪本，享受閱讀樂趣。我們亦期望分享閱讀繪本的好處和障礙，以及示範如何運用繪本，讓家長與孩子一同進行思維訓練。

本書主要分為兩部份，包括由專家解答家長一些普遍疑問，並向家長推介八冊繪本，以及相關的延伸活動。我們相信，家長與孩子一起走進多姿多采的繪本世界，將有助加強親子關係，並鼓勵大家樂於學習、豐富知識。

何永昌
香港青年協會總幹事
二零一九年七月

邀請序

綠腳丫親子讀書會創辦人 柯佳列

孩子要閱讀，因為：

愛閱讀的孩子不怕寂寞，

不怕寂寞的孩子不易學壞。

懂閱讀的孩子懂得解難，

懂得解難的孩子不怕困難。

懂閱讀的孩子不僅有娛樂，學會學習，更從閱讀看到生命，誠如法國著名繪本作家阿蘭·塞爾的作品《鳥有翅膀·孩子有書》的內文：

「鳥有翅膀，可以飛翔。

孩子有書，也能自由地飛翔，

飛向高高的天空……

然後他們從高處發現，地球比蝸牛還要脆弱。」

幼兒識字有限，圖文並茂的繪本，
照顧他們的能力，又能滿足其閱讀發展的需求。

繪本多元的題材更能滿足孩子對世界的認知與好奇，
是幼兒教育的好資源。

繪本作為兒童文學重要的分支，承載著真‧善‧美三要素，
是親子教養的好工具。

樂見青協青樂幼稚園聯校把多年推動繪本閱讀、教學應用的
寶貴經驗結集成書，將有助香港學界的教學交流，閱讀文化的
提升。

家長學堂・童學悅讀

第一章

準備篇

好家伙

嘉賓簡介

陳惠玲博士

陳惠玲博士自1979年已投身香港的幼兒教育，現任香港教育大學幼兒教育學系助理教授，同時擔任香港教育大學幼兒發展中心校監。其研究專長為0至3歲嬰幼兒課程及幼小銜接。陳博士近年創設以感官探索為基礎的「SIME嬰幼兒課程」，強調透過環境刺激及互動，提升幼兒的學習動機，並增加他們優質的早期經驗。陳博士是香港嬰幼兒學習的權威，她會在本書中分享與0至3歲嬰幼兒進行親子閱讀的方法，使寶寶們享受閱讀的樂趣。

杜陳聲珮博士

杜陳聲珮博士為香港教育大學幼兒教育學系助理教授及兒童與家庭科學中心聯席總監，其研究專長包括幼兒的讀寫發展及教學。陳博士聯合編著的作品有《六個童書朗讀的歷程》、《問題—探索—經驗：走上建構學習的征途》及《幼兒綜合高效識字法》等。陳博士近年進行的研究計劃包括「澳門幼兒教育階段小班教學現況研究」及「從起步開始——幼稚園非華語學生學中文支援計劃」等。於本書中，陳博士分享她對雙語閱讀及進行繪本討論的看法。

黃潔薇博士

黃潔薇博士於1995年起加入香港教育大學，現為幼兒教育學系助理教授，兼任學士學位課程統籌主任十多年。她的研究專長為幼兒藝術教學、幼兒美感及文化發展。黃博士編著的教材套《生活學習套》（包括學生用書及教學資源手冊）被香港幼稚園廣泛使用。黃博士近年專注於研究繪本與幼兒美術發展的關係及幼兒如何透過博物館認識不同的文化及藝術。黃博士在本書會談及家長可如何透過繪本與孩子走進藝術的大門。

張文惠博士

張文惠博士畢業於香港科技大學,持有分子神經科學哲學博士,曾於不同的大學教授幼兒教育課程,現為香港浸會大學國際學院講師。他亦持有多項的專業資格,例如美國運動醫學院(ACSM)健康體適能教練、美國國家體適能總會(NSCA)私人教練(CPT)及美國國家體適能總會(NSCA)肌力與體能訓練檢定專家(CSCS)。由於張博士對於幼兒的腦部、體適能發展及遊戲學習具有豐富心得,他會分享繪本閱讀與腦部的關係及伴讀的好處。

陳鳳儀校長

陳鳳儀校長畢業於香港教育大學,持有教育碩士學位,並曾擔任香港公開大學兼職講師,現為香港青年協會青樂幼稚園(油麻地)校長,具有20多年教學經驗。陳校長致力推動繪本教學,並將繪本結連於社區學習。陳校長亦擅於設計新穎幼兒遊戲課程及推動親子閱讀。在書中,陳校長分享如何在家創設良好的閱讀環境及善用社區閱讀資源。

趙嘉汶校長

趙嘉汶校長持有心理學(學校及社區)社會科學碩士,現任香港青年協會青樂幼稚園校長。她於幼稚園致力發展繪本教學,舉辦「五官走讀」活動、繪本藝術月及讀書會,並策劃故事爸媽計劃。趙校長亦積極進行提升教學效能的研究,包括「透過繪本提升幼兒情緒表達及情緒調節能力」及「繪本與幼兒美術發展」等研究。趙校長會在書中分享情緒繪本例子及如何運用繪本與幼兒討論情緒。

甚麼是「好家伙」？

本書名命為「好家伙」，期望能啟發家長靈活使用各類繪本，成為愉快親子活動的「好家伙」。「家伙」有幾個解釋，一種意思是能幫忙的工具，另一個意思可以稱呼人物，不論是人還是物件，能夠滿足需要的就是好家伙。

「好家伙」更是指好的家庭伙伴，這些伙伴就是好繪本。優良的繪本能作為建立優質親子時間的好工具，也是親子之間互相了解的溝通橋樑。良好的伙伴，在於關係的建立。一個家庭裡的伙伴，包括了家長和小朋友，家長要付出時間和感情，了解小朋友的興趣，花時間陪伴小朋友閱讀、選書，彼此真誠溝通，才能建立良好的親子關係。為小朋友挑選好書，就好像在家中找來很多好伙伴，陪伴小朋友一起成長。

「伙」亦取「火」的諧音及意思，即是閱讀的熱情。只要燃起孩子對閱讀的熱情，孩子就會走進知識的大門，享受閱讀帶來的喜悅及充實感。隨著成長閱讀不同的書本，就像與各種人物、思想和心情對話。在人生的各個階段，不同的讀物能回應到不同心情和思想需要，亦因如此，喜愛閱讀的人從不孤單。

我們相信，從小與孩子一起培養閱讀興趣會讓他們對書本產生好感，孩子長大後自然會成為閱讀專家，習慣和書本結為伙伴，陪伴他遊歷人生。《好家伙 —— 繪本閱讀之道》希望閱讀可以由家庭做起，為孩子的閱讀生涯建立一個好的開始，令小朋友可以快樂與「書本」這個好伙伴一生同行。

01 閱讀能帶來甚麼好處？

開卷有益，道理人人皆曉，無論成人還是兒童，都需要從閱讀中汲取知識，但具體而言，閱讀能為兒童帶來甚麼好處？閱讀最基本的好處，自然是增廣見聞，讓兒童在無限知識的汪洋裡自由自在地暢泳。兒童能在閱讀中汲取知識的養分，是寓學習於娛樂的不二之選。

但到底甚麼是「增廣見聞」？閱讀能為兒童帶來甚麼益處，相信才是家長們關注的地方。透過閱讀，讓兒童得到全方位的品格培育，分數固然重要，但求學亦是學習「做人」的過程，適當的閱讀可以令兒童得到全人發展。另外，兒童也可藉閱讀的習慣建立感情依歸，感他人所受，思他人所想，是建立其個人情緒宣洩出口的重要工具。

在學習方面，閱讀也是兒童的良師。首先，閱讀可以提升兒童的語言學習能力，增強兒童對文字的理解和興趣，開展和別人溝通的契機，促進他們社交能力的發展，學會建立對他人的信任。其次，閱讀也能提升兒童的理解能力，透過理解故事當中的情節、人物角色、掌握色彩和線條的運用等，讓他們在日後能夠懂得獨自娛樂和學習，學會自處，習得這種對於現代人來說極為重要的能力。最後，閱讀也能引導兒童主動提問，培養他們的觀察和思考能力，從而發展解難能力、啟發創意和想像，以及發揮不怕失敗和積極探索的學習精神。

除此之外，閱讀也能擴闊兒童對於世界和社會的看法，例如兒童能在閱讀中得到美感的培訓，令他們掌握欣賞世界和身邊事物的能力，理解同理心的概念，提升人文素質。子女的眼光就能夠超越既有的學習模式，明白自主學習的重要性，這素質對兒童成長的「長途賽」來說尤其重要，家長應該倍加留心。

不論閱讀甚麼書籍，過程中都會有一定的得著，而更重要的是，閱讀是一種可以隨時隨地進行的低消費活動，亦是培養其他興趣的基礎，我們可從書海中汲取任何範疇的知識。對家長而言，伴讀亦是一個極佳的親子活動。即使兒童未具備基本的閱讀理解能力，不同類型的繪本，亦即是圖畫與文字並存的故事書，例如轉轉書、無字書和觸感書等都能幫助兒童閱讀，讓他們能盡早接觸兒童文學，建立正確的世界觀，打開新的宇宙！

02 如何建立良好的閱讀習慣？

要培養兒童的閱讀習慣，應該由家庭開始，家長應該積極協助子女建立閱讀的常規。即使家長本身並沒有閱讀習慣，亦可嘗試跟子女一起建立新的閱讀習慣，成為子女的優秀示範，例如家長可以嘗試「伴讀」，安排慣常的家庭閱讀時間，而睡前的休息時間，就是一個好提議。家長可抱著子女一起閱讀，令小孩在閱讀圖像和文字之餘，也能享受與家長溫馨的互動，提供足夠的誘因讓他們理解閱讀的概念，從而建立習慣。但需要注意的是，常規的閱讀習慣不宜過於僵化，宜靈活安排，做到「少讀多滋味」的效果，令子女能沉浸於閱讀的樂趣。

家長有責任為兒童提供合適的讀物。讀物的選擇並無指定的限制，應以子女的興趣作為依歸。例如家長可首先挑選一些具品質保證的繪本，像可以幫助兒童認讀的童謠，然後再給他們選擇。如果小孩抗拒閱讀，家長可選擇伴讀，選取的讀物則視乎子女的能力、興趣和經驗。伴讀者可以簡單地說出故事的內容，亦可以與子女作更深層次的互動，後文將再作討論。

另外，家長亦可考慮拓閱讀物的範圍，例如雜誌、通告和傳單等等，甚至可以鼓勵兒童閱讀「環境中的文字」，例如街道上看到的、電視上看到的或商品包裝上看到的文字，都可以成為閱讀的素材。

總括來說，要協助兒童建立良好的閱讀習慣，就必須為他們創造享受的閱讀經驗，令他們認為閱讀是一件樂事，久而久之，子女就會主動在書櫃裡取書，培養出自發閱讀的習慣。

03

除了伴讀外，如何培養兒童獨讀／靜讀的習慣？

「伴讀」只是兒童閱讀生涯的起步，隨之而來的就是「獨讀」和「靜讀」習慣的建立。

要做到「靜讀」和「獨讀」，家長與子女們應先打好「伴讀」的基礎。有外國研究指出，子女在八歲之前應該由家長伴讀，原因在於兒童對於詞彙未完全認識，亦未完全發展自身的抽象思維，兒童懂得閱讀文字，並不代表他們馬上就能進入「獨讀」的階段。由於圖像閱讀是抽象思維的延伸，在思考過程中，由看立體的實物連結成平面的圖片，當中涉及抽象思維的幾重演化，家長在伴讀過程中進行演繹，子女才能慢慢掌握理解圖像的技能，奠定「獨讀」的基石，例如兒童平常接觸到蘋果蓉，未必能即時聯想到整個蘋果，再連結到書本中蘋果的圖像，但透過伴讀，家長可以協助兒童進行連結。

經歷過親子「伴讀」的過程後，家長也可以帶領子女進入「靜讀」，例如他們可以將「伴讀」時間改為家長與兒童各自閱讀的時段，家長和子女可以選取自己喜歡的書籍，各自閱讀、互不騷擾。即使子女已進入「靜讀」階段，家長亦可以考慮在不同時段跟子女「伴讀」和「靜讀」，如果兒童仍未獨立起來，不妨繼續伴讀，增加彼此之間的互動，例如鼓勵子女與自己作分享和討論。

年幼的兒童喜歡親近自己的家長，是天性使然。但隨著他們學會了愈來愈多生字，也會產生自行閱讀的需要。因為他們產生好奇心後，開始希望按自己的進度來閱讀，當他們有這種需要時，「獨讀」的行為就會自然出現，兒童們會開始明白閱讀是個人的事。

總括來說，「伴讀」是兒童閱讀習慣的開端，但這並不代表「獨讀」和「靜讀」比「伴讀」有著更高的層次。我們相信兒童是天生喜歡閱讀的，「伴讀」與否無關於對錯，這全視乎子女的需要，例如有些兒童不願意獨自閱讀，家長也不用過分擔心，因為兒童仍有一定的依賴性。所以，在培養兒童「獨讀」和「靜讀」習慣的時候，家長應考慮子女的個別差異，不應限制子女閱讀的方式，而應該設立彈性的閱讀時間表。

04

新興的「走讀」、「漂書」概念，對於培養閱讀習慣有甚麼好處？

新穎的閱讀概念推陳出新，而「走讀」和「漂書」就是當中的表表者。事實上，這些嶄新的做法對於培養閱讀習慣亦有諸多好處，是不容忽視的趨勢與潮流。「走讀」和「漂書」跳出了日常閱讀性質的框框，將傳統靜態的閱讀活動，增添了一些新的元素。

「走讀」顧名思義就是指邊走邊讀，我們可以利用繪本作為引子，透過慢遊，將繪本中描繪的生活細節、建築特色、風土情懷、人情事物等細閱出來。與孩子進行「走讀」時，家長可以與孩子利用五官探索，請孩子用鼻嗅嗅街上味道、用皮膚感受冷暖、用耳聽聽聲音、用眼睛觀看周遭事物，然後，再與孩子一起討論他的發現，與繪本中的圖畫、情節及故事內容有甚麼異同。以《電車小叮在哪裏》為例，家長與子女閱讀後，可以跟子女一起坐電車，親身走進社區、閱讀社區，建立生活經驗。

而漂書的定義是指「圖書漂流」，書友把看完的書放在公共空間的漂書處，讓圖書繼續流傳，給有緣的書友閱讀。香港近年亦有部分的幼稚園或非牟利機構定期發起「交換繪本日」或「漂書日」，請孩子把自己的繪本與人分享，並選取一本新的繪本，擴闊孩子閱讀繪本類型與數量。這種做法可以令圖書得到循環再「讀」的機會，讓有需要的人士覓得心頭好，同時推廣環保和閱讀。對兒童來說，他們可透過漂書活動更容易接

觸到不同類型的書籍，有助增強他們對閱讀的興趣及擴闊他們閱讀的類型。而此類活動亦成功得到不同人士的響應和支持，例如現在幼稚園也不時會舉辦漂書活動，於校內的親子遊戲日和聖誕聯歡會裡，安排攤位或漂書的角落，放置不同的書本供學生交換及選讀。

而「漂書」文化亦絕非香港獨有的，在台灣及世界各地不同的城市都很常見。當中的精神不在於「形式」，背後的意義是人與人之間在情感上的交流，宣揚「分享」和「互助」精神，將良好的閱讀風氣和習慣感染開去。

但是，家長必須明白，「走讀」和「漂書」並非培養閱讀習慣的「萬應良方」。這些概念都需要配合子女的性格和興趣，家長必須尊重他們的閱讀風格，家長們可因應兒童的需要，自行選擇參與不同的閱讀活動。

05 現今常說的「快樂閱讀」、「悅讀」

「快樂閱讀」、「悅讀」和「一起玩一起讀」這些閱讀態度，其實並不是新的概念，只是提醒家長不要誤以為閱讀是「刻板」和「沉悶」的，希望家長能將閱讀回歸於快樂與享受。

例如「快樂閱讀」就為閱讀定下基調，強調當中的「快樂」。每一個人都是獨立的個體，有不同的閱讀習慣，不同的閱讀方法正好就能夠切合各人的需要，亦能為抗拒閱讀的人士帶來新的衝擊，為他們帶來驚喜，投入閱讀的懷抱。而「一起玩一起讀」亦是強調閱讀能帶來快樂的經驗，家長可以與其他家庭籌辦「閱讀派對」，共同訂立嶄新的閱讀模式。在閱讀過程當中，兒童可與群體的不同成員作即時的互動，一起閱讀某一類型的書籍。

世間上並沒有一種最好的閱讀方法，凡是能夠推動積極投入和參與度高的閱讀行為，就是適合的方法。家長可首先嘗試不同的閱讀方法，然後再觀察子女的興趣及反應，再挑選合適的方案，例如可能會有子女只喜歡獨自看書，那麼「一起玩一起讀」就不適合他了。同時，家長應緊記留意子女之間的個別差異，他們的年紀愈小，差異就會更大，包括他們可以安坐閱讀的時間長度、對故事情節的反應等，家長需要彈性處理兒童的狀況，不能「一本通書看到老」。

08 應該只閱讀令我們快樂的書籍嗎?

閱讀本身是一件樂事,但閱讀的內容不一定要是「快樂」的,就如世界上公認優秀的讀物,也有快樂和憂傷的元素,也有成功和失敗的故事,文學正正就有調節情緒的功用。

重要的是,我們能從不同的閱讀方法中學習到正面思考和抗逆能力,例如跌倒後要爬起來;從挫折中得到鼓勵;由膽怯變成勇敢等,在閱讀的過程中得到治癒,學習解決問題。所以,如果子女進行「悲傷閱讀」,在讀書的過程中流淚,這並不代表是壞事,哭過以後其實有效地疏導了壓抑的情緒,滿足了情緒的需要。

假如子女看完一本書後,不自覺地被困在傷心的情緒當中,家長應先主動理解,細心傾聽子女的感受,鼓勵他「我口講我心」,並適時糾正他的誤解和憂慮,引導兒童作多角度思考。

01

進行親子閱讀時，有甚麼技巧？

香港著重兩文三語，而廣東話的口語及書面語差異較大，故此使用書面語朗讀及使用口語講故事是有分別的。講故事著重認識故事內容、情節及人物，而書面語則可以培育子女語感，家長要留意兩者如何配合。

家長培育子女的閱讀習慣時，建議先配合圖畫，採用「講故事」的方法，因為這樣能吸引子女投入故事世界，幫助他們明白及理解故事內容及情節，例如，有些書的叙事節奏比較明快，家長可以加快閱讀的速度，配合故事的節奏，伴以誇張的表情和動作以吸引小孩。例如《噓！我們有個計劃！》，故事內容提及四個主角想偷偷地接近及捉走雀仔，家長可以放輕聲線，一邊講故事，一邊添加個人想像，帶領子女融入故事當中，吸引他們的注意。

而使用書面語朗讀時，家長須注意自己的抑揚頓挫、咬字及語速，協助子女慢慢掌握一字一音以及語感。家長亦可以因應繪本的特點而採用書面朗讀的方法，例如擬聲詞、排比句和詩句較多等，在《好多好吃的雞蛋》一書中，使用了押韻、疊字以及重複性的句子，故此家長可以使用朗讀的方式。

當家長想協助子女了解一字一音時，可以考慮指住書本上的文字和小孩共讀，而當家長想培育閱讀的速度時，則不應以手指限制子女的閱讀視線，因為這會限制了他們的閱讀速度。

家長進行親子閱讀時，並不需要只選定一個方法，而是可以使用兩種方法互相交替或配合，例如同一個故事，以自然的講故事方式讓子女先掌握故事情節及內容，然後再以朗讀的方式向子女進一步講解書面語。

08 進行親子閱讀時，應抱甚麼態度？

在親子閱讀中，家長的態度亦十分重要。閱讀的態度，視乎親子之間日常的互動，了解哪種溝通方法較適合。家長的態度應該「因人而異」，有些小孩「受軟唔受硬」，有些則需要家長提供清晰指示，總括而言，親子閱讀要以一種較為自然的方式去進行，提供一個雙方能夠真誠交流的空間。

需要注意的是，親子閱讀必須為「真親子」的活動，家長並不能只將好書買下來，為子女定下閱讀的時間表，然後命令他們讀書，就以為是盡了做家長的責任。家長更不應充當老師的角色，要求子女報告閱讀後的感覺，令他們感到閱讀是一種負擔，而不是享受。在親子閱讀的過程當中，家長可確切地感受到兒童的心態和想法，對於促進親子關係能有極大的幫助。

最後，家長亦應該留意跟閱讀有關的其他細節，例如在子女6歲之前，不建議閱讀電子書，因為這會影響子女的眼部及腦部發展；家長為子女選擇外出時的讀物，亦不應選擇令他們過於興奮的材料，以免令子女在公眾場所過於興奮、難以自控；家長可循序漸進，選擇合乎小孩年紀、興趣的讀物，不應只著重

數量；家長亦應小心留意市面上各類型的讀物，避免使用功利
為主的讀物，強行開發子女的能力，扼殺子女的閱讀興趣，最
後得不償失。

進行親子閱讀時，家長應如何提問？

「提問」是在教育範疇裡極為重要的一種學習方法，兒童懂得問與答，才能反映出他們真正能夠掌握繪本的知識。那麼怎樣提問、如何提問、提問甚麼以及如何跟進，就成了家長們需要留心的一環。

一般而言，提問可以分為三個層次（方淑貞，2010），第一個層次是協助子女了解繪本內容，例如「故事中有哪些主角？」，這樣可以確保子女準確了解內容及情節；第二個層次是引出個人想法、觀點，例如「如果你是故事中的主角，你會怎樣做？為甚麼？」，這樣可以了解子女就故事內容的想法；至於第三個層次，則是從日常生活中舉出類似的情境與事件，例如「你在日常生活中，有沒有試過主角面對的這個情況呢？你怎樣解決呢？」這樣可以協助子女將閱讀經驗連結到自己的生活經驗。

此外，家長亦可以參考其他提問方式，例如美國學者Grover J (Russ) Whitehurst（Grover J (Russ) Whitehurst，2002）提出的「CROWD」提問技巧，「CROWD」提問技巧包括五種提問的方法——填充型問題（completion prompts）、回憶型問題（recall prompts）、開放式問題（open-ended prompts）、WH問題（wh-prompts）以及連接生活經驗問題（distancing prompts）。

總括而言，家長透過提問，可以豐富子女的閱讀經驗以及協助
子女掌握繪本內容及反思，而就著這些反思，家長亦可整理出
子女需要學習的地方。最重要的是，透過適當的交流，家長能
和子女建立良好親子閱讀的經驗及回憶。

10

參加各類型的繪本活動，例如戲劇扮演、藝術活動、走進社區等，有甚麼好處及得著？

多元化的繪本活動，例如戲劇扮演和藝術活動等，能帶來不同的好處。閱讀繪本時透過遊戲形式與子女一起經歷故事，可以增加子女的投入程度，比起被動地聽故事，在閱讀之中讓子女加入互動，可以加深子女對繪本的印象。例如在《爸爸跟我玩》，透過簡單的句子，讓爸爸帶領子女做一些動作，以身體記憶配合故事內容，會使子女對繪本印象更深刻。

而戲劇形式的互動更可以讓子女代入角色，設身處地去感受故事主角的情緒及遭遇，例如在《抱抱》中，主角小猩猩不見了媽媽，而同時又看到森林裡的其他動物跟媽媽抱抱，家長就可以和子女扮演不同動物抱抱，這樣有助子女更深入地理解故事的發展。

同時，家長亦可以走進社區，增加更多有關繪本的活動，例如去繪本館、圖書館，又或是參加各類型的活動，例如書展內跟作家交流的活動；同時，家長亦可以增加子女的親身經歷及和子女討論該活動與文本的關連，例如《媽媽，買綠豆！》提及舊式街市的人情味，家長可以帶子女探訪附近的店舖，讓他們認識環境，讓兒童從中得知社區歷史。

家長在參加這些繪本活動時，應留意子女的需要而選擇合適的活動，小至0至3歲的子女，其實都可以參與這些活動。家長可多留意活動的詳細資訊，再考慮自己的兒童是否適合。有些子

女性格較外向好動，他們會較喜歡群體形式的活動，而有些性格內向的兒童，可能傾向一個人靜靜地閱讀，家長可以有耐性地慢慢讓子女嘗試接觸和適應，不要強迫他們參與。

對於那些沒有閱讀經驗的家長而言，繪本活動亦能協助他們進行親子閱讀。家長可以按自己及子女的能力及興趣，先參與一些簡單的活動，建立良好經驗。在活動中，家長可以更了解繪本的內容，並學習到一些讀後延伸活動的方法和技巧，那麼，回到家中閱讀時便可以自行靈活運用，增加親子閱讀的趣味性。

然而，參加繪本活動也有需要注意的地方，例如避免壓止子女對繪本的其他想法。家長參加坊間活動後，可以多和子女繼續討論，透過多角度思考分享不同的想法。

一 優質繪本有甚麼元素？

坊間的繪本五花八門，踏入童書區域，繪本甚至多得讓人花多眼亂。家長們很多時會問，怎樣才算是好的繪本呢？首先在選擇繪本之前，我們可先了解子女的年紀應該閱讀甚麼類型的繪本。例如0至3歲子女處於學習辨認圖像的階段，可為他們選擇設計簡單的繪本。而構圖較抽象，藝術性強的繪本則適合4至6歲的子女。家長選擇繪本時亦要留意自己是否理解繪本內容，懂不懂得講這個故事給子女聽。

文字運用和插圖風格

優秀的繪本往往能夠以很少的文字，甚至單純一幅插畫，便能把主角的心情，甚至很嚴肅的議題或深奧的道理表達出來。有時過於深奧也並非好事，好的兒童讀物言簡意賅，能讓子女投入和明白內容。故此，書本的用字、詞藻、文字是否優雅，以及字數均是家長的考慮因素。

插圖和封面亦十分重要，無論在色調、設計上，好的繪本具有較高的藝術性，美麗和色彩豐富的圖畫，能增加子女專注和投入程度，提高閱讀興趣，欣賞畫作的同時，培養他們的美感。

另外，由於繪本的重點應該是圖畫，因此文字與圖像的比例要適量，而圖像要有足夠的表達能力，使圖文交織在一起能產生微妙的關係。

故事結構及核心價值

一個好的兒童故事,能環繞兒童成長世界中的需要。兒童親身
接觸社會和他人之前,便是透過不同的故事和處境去預先了
解世界情理。透過故事讓兒童更認識自己,包括情緒、能力和
外貌等;透過閱讀不同角色之間的故事,從而思考自己和他人
的關係,有助他們建立自我形象,也能幫助兒童學習到未來踏
入社會時,將會與不同的人建立關係,透過人物之間相處的情
節學習如何交朋友,以及正確的待人態度等。

故事結構亦應該包含童趣,例如《森林裡的帽子店》,透過擬
人法用小動物做主角,情節和畫面提供想像空間,讓兒童可以
想像情節之後的發展。除此之外,家長亦可以留意繪本印製的
質素,如果印製的材料上有特別的質感,也可以增加兒童的新
鮮感。

優質繪本包含了美學的元素以及文學性,故此可歸類為兒童文
學。閱讀優秀的兒童文學能幫助子女建立積極向上的態度,培
育善良、誠實等美德,對子女的人生具有積極正面的意義,並
能處理不同成長階段會面對的發展需要。

12 選書的原則是甚麼？

為子女選擇讀物時，我們主要考慮兩大因素，第一是有關子女的興趣、能力及發展，其次是繪本本身的內容是否合適、是否能跟子女的生活作連結等。

子女的能力、發展需要及興趣

家長首先要判斷書本是否適合子女能力及發展需要，要因應子女的理解能力和心智發展去選擇。家長可按推介年紀來選書，以配合子女的發展程度。有些兒童較早熟或幼嫩，家長可按情況選書。值得注意的是，雖然年紀可以作為參考，但我們也不要用子女的年齡限制他可以看的書，例如適合6歲的書，也可以讀給兩歲的子女聽，家長可以自行把故事簡化，讓子女能理解就可以了。

家長亦應考慮子女的閱讀興趣。無論讀物多有意思，插圖如何精美，但子女對這讀物全沒有興趣，那就沒有意義了。以書本的表達方式為例，同樣是圖畫為主的書，有些子女會較喜歡漫畫書，漫畫書即是以連環圖畫講故事，圖與圖之間具有動感，例如踢球的連環動作等；而繪本則較為靜態，有些子女傾向喜歡動感。如果子女心智發展較為成熟，家長便可以因應他們的興趣選擇更廣泛和深入的題材，例如子女對自然科學有興趣，家長可以選購《十萬個為甚麼》這類書籍給子女。

除了子女的興趣之外，建議家長亦選擇自己有興趣，並能夠掌握、適合自己的書，慢慢讓親子間亦喜歡閱讀，效果定能加倍。

繪本的內容及跟子女的連結

好的讀物在於能提供優質的閱讀經驗。家長要記住不是在為子女挑選課本，重點是子女在閱讀過程中產生感覺。家長陪伴子女閱讀時也可留意，閱讀並不是說教，故事教訓應隱藏在情節內，以感化方式讓子女明白道理，例如在「狼來了」的故事中，能與子女討論「誠實」的問題，讓子女透過代入故事，理解箇中的道理。

家長最好能因應子女的生活經驗去選擇讀物，想想故事內容對於子女而然會不會產生共鳴和親切感，例如家長常常和子女搭巴士，子女對巴士有經驗和認識，甚至喜歡坐車的體驗，那麼選擇與交通工具相關的故事，便能事半功倍，因為兒童更能投入和掌握繪本的內容。家長亦要注意，不要為閱讀的種類設下框框，應該讓兒童多看不同種類的書，給他們不同的閱讀經驗，並且互相交流。

最後，家長為子女選書亦要注意文字不宜過多，因為文字過多會使子女過於依賴家人的伴讀。然而，字數少對家長而言亦是一種挑戰，繪本太少文字，家長可能不知道可以如何演繹故事的內容。例如《小黃點》，有很多家長不懂得如何跟子女一起閱讀，如果家長沒有足夠童趣、未能掌握書的趣味性，便未能讓子女了解書中神奇和有趣之處。

13 幼兒的年齡會否影響選書？

同一繪本適合所有年齡層的幼兒嗎？

關於幼兒年齡會否影響選書，幼兒教育學者有兩種不同的見解。有些學者認為年齡不一定會影響選書，因為同一本繪本，只要以不同的方式陪伴閱讀，也可以適合不同年齡層；有些則認為0至3歲的子女重點看圖畫為主，而4至6歲時則重點看文字為主。我們認為書籍是中性的工具，重點在於家長如何按子女的需要運用程度較深或較淺的書籍。

如果書本比較深……

子女可以重覆閱讀，每一次閱讀時可以有更深的體會，即使未能一次過完全理解內容，也可以慢慢透過閱讀次數的增加更深入地理解讀本。而有任務和具挑戰性的繪本，家長更可以陪伴他們重覆看幾次，再次閱讀和進行任務的時候，家長可以讓子女知道自己的進步，並加以鼓勵，從而提升子女閱讀成功感。

然而，如果子女沒有興趣再重看，家長亦不需要勉強，可以讓子女選看其他有興趣和有能力理解的書籍。

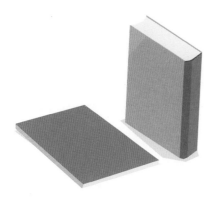

如果書本比較淺……

簡淺的繪本亦可以引發深層次的體會，小孩自身閱讀的經驗比書本本身的程度更為重要，始終閱讀的重點是當中的趣味和給讀者帶來的感覺。當子女很快便閱讀完較淺的讀物，家長可以透過跟子女討論或加入延伸活動來增加子女的經驗。

總括而言，我們選擇書本時，應該因應子女當時的年紀和經歷，找尋他們會產生興趣和共鳴的題材。不過，子女在不同的歲數，也會有不同的喜好。家長可以隨子女的成長，多留意他們對於閱讀興趣的變化，為子女發掘更多閱讀的可能性。

14 坊間有些無聊或幽默感非常重的繪本，子女可以閱讀嗎？

有些繪本主題是圍繞重大的意義和有深度的價值觀，值得細心閱讀，然而也有一些題材較為輕鬆的，甚至在家長眼中看似「無聊」的繪本，當中的幽默情節會逗得兒童哈哈大笑。家長可能會想，到底這些書本能不能令子女有所得著？我們又應不應該讓兒童閱讀這些書籍呢？

其實不論繪本的內容是輕鬆或很有教育意義，家長要先懂得欣賞子女閱讀本身這個行為。閱讀本身應該是為了樂趣而出發的，如果每每要為了達至某些學習成果而閱讀，對兒童來說可能便成為負擔了，讓他們感受到閱讀的快樂才是重要的。即使是成年人，也需要看一些喜劇來放鬆心情，兒童也是一樣的。閱讀內容輕鬆的繪本，可以算是鼓勵閱讀的第一步。如果子女喜歡閱讀這類繪本，爸爸媽媽應該與兒童一起閱讀，這樣才可以於有需要時給予意見。

除了在家中，子女入學後亦有機會接觸到不同類型的繪本。家長應該放下壓力，舒服地與子女一起閱讀。家長可以與子女閱讀大家都喜歡的書，同時亦尊重幼兒的選擇，讓子女去書店和圖書館選擇自己想看的書，提升他們的閱讀興趣。

可能有些家長會發現，子女對一些「屎尿屁」的題材特別感興趣，擔心閱讀這些感覺「低俗」的內容對子女沒有幫助。其實子女看到「屎尿屁」會哈哈大笑，是自然現象，家長並不需要擔心有任何負面影響。外國有些幼稚園甚至會有「toilet training」，帶兒童看自己的糞便，教導他們克服恐懼。繪本中關於「屎尿屁」的內容正能滿足他們的成長需要，當然閱讀時大人也可以分享自己的感受，但若然子女喜歡那些畫面和情節，家長也不要急於糾正子女的喜好。

例如《尿床專家》會用幽默的方式指出尿床的壞處，其實也能讓子女學習到忍尿。又例如《誰在放屁》，搞笑地用擬聲詞表達放屁的情境，會引得子女哈哈大笑。其實，這些情節正正是為小孩提供了想像的空間。想像力是創意能力的基礎，大人覺得無聊的事，可能在小孩的腦海中代表無限的想像力。

不過無論如何，回到最基本，一本能為子女帶來快樂閱讀經驗的繪本，不就已經很有價值嗎？

15 現今社會說多元化、死亡、離婚，我們如何利用繪本與幼兒討論這些問題？

有些家長會刻意將死亡、離婚等議題變成忌諱，不在兒童面前提起，以免讓子女接觸到負面的資訊，以希望保持他們的純真。然而，在現實社會中，這些負面的事情的確有可能會發生，當子女需要面對這些問題時，家長也可以以繪本作為幫助，引導子女思考和面對相關問題，以合適的材料，幫助子女建立正確的價值觀。

專家認為如果子女遇到要面對生離死別的情況，例如家人、寵物離開，家長可以透過繪本與子女帶起討論。如果子女沒有相關的經歷和觀察，家長不需要刻意與子女討論。家長可以透過豐富的繪本內容，就著一些情節或主角的做法，向兒童發問問題，激發他們的思考。兒童亦可透過繪本抒發平日無法表達出來的情感，例如親人過身等。

繪本是一個很好的媒介，讓家長引導兒童，讓兒童去明白這些連大人也難以表達的情緒和感受。例如，有些子女閱讀完繪本後，可能會問：「媽咪，你會不會死？」當刻家長可以向子女保證自己沒有事，告訴他人老了才會死，過程應如實作答，這樣就可以透過閱讀關於死亡的繪本，能讓子女學習到尊重生命，減低對死亡的恐懼。

繪本同時亦是「二手經驗」，有預防的作用，可以讓子女明白發生這些事可能會令人不開心、影響到生活的習慣。家長可以藉此教導子女當遇上這些事時，應該怎樣調整情緒，如何表達不快樂，以及如何用正面的角度去面對這些事情。

至於關於離婚的議題，以一般兒童來說，他們3至4歲左右已經對結婚有基本概念，這些繪本能讓子女理解現代社會的家庭結構，可以藉此介紹單親家庭給子女，只要正面地向子女介紹這些概念，便能帶來學習的效果。

不過，如果家長感到難以掌握，學校亦可能會有關於情緒的課程，這些議題可以交給學校處理，家長亦不需要刻意與子女討論這些話題。

第二章

進階篇

01

0至3歲的寶寶可以閱讀嗎？

陳惠玲博士

不少家長會發覺與0至3歲的寶寶閱讀時會遇上各種困難，例如寶寶很多時會把書本當成玩具，喜歡拿來捉或咬。家長為兒童選擇書本時，可按兒童的閱讀需要，選擇不同的材質，例如布質書可以清洗，也有一些材質的書列明是可以咬；有質感的書可以讓寶寶操弄、觸摸等。

此外，不少寶寶閱讀時也會顯得不專心、坐不定。陳惠玲博士建議家長在寶寶閱讀前，可先清理附近的環境，拿走玩具，以免分散寶寶的注意力。家長亦應該給寶寶多一點空間，當寶寶真的集中不了時，不要強迫他們閱讀，讓他們下一次再嘗試。

家長亦可透過伴讀活動，慢慢讓寶寶學習專注，寶寶在閱讀時聯想到另一些東西是很正常的。家長要尊重寶寶，可嘗試承諾他一會兒跟他聊，現在先談談書本的內容。

如果寶寶精神欠佳，我們就要暫停閱讀時間。家長也可以檢討講故事的技巧，想想是否因為自己沒有借生動的表情和動作輔助，而令寶寶沒興趣繼續聽故事，如果問題存在就可想辦法改善。

寶寶也很喜歡閱讀時不斷問問題，同一本書要多番閱讀等情況。陳博士認為寶寶這樣做是沒有大礙，寶寶喜歡重覆及熟悉的故事。家長這時可以問寶寶：「你還想知甚麼？」盡量去滿足他們的好奇心，亦不妨以同一本書，用不同方法與寶寶閱讀。

家長可以嘗試以不同方法讓寶寶閱讀時更專注和理解內容，以養成閱讀習慣。寶寶在閱讀時，會喜歡親近家長，家長可以抱著寶寶閱讀，以增加親密感。當寶寶不專注，例如講故事到一半時爬走，家長不要責罵、立即捉住寶寶、強迫他立即回來，家長要接納寶寶的特徵，才能形成良好的閱讀氣氛。家長可嘗試描述他的行為：「你想玩其他東西？好吧！那我們一會兒再看！」讓閱讀變成一種享受、玩的過程，讓寶寶慢慢習慣，並享受閱讀。

家長也可為寶寶準備特別的書籍種類，令寶寶投入閱讀。例如翻翻書（flipbook）和有聲書（soundbook），前者可給寶寶驚喜的感覺，後者則可利用聲音，引發寶寶互動，例如跟著主角一起笑。家長也可以準備可以玩的書籍，例如《小黃點》，增加書本操弄性來吸引寶寶。

02

閱讀如何提升語文水平？

杜陳聲珮博士

家長關心兒童語文水平的發展，而閱讀繪本也能提升幼兒的語文能力。家長可利用圖書讓子女掌握不同的語文表達方法，例如書面語和口語的分別很大，圖書活動可以作為一個橋樑，讓子女學習口語基礎及寫書面語的分別，例如口語「好靚」，書面語就是「美麗」。家長可先以口語跟子女講故事，向子女解釋閒談時是用口語，當子女理解後可以再讀書面語，再解釋當中的意思。

家長要留意進行閱讀時要避免中英夾雜。例如閱讀英文故事書時，可直接轉講英文，也可以在交談時中文，而朗讀時則用英文，但不要兩種語言同時使用，以免讓子女產生混淆。

與子女進行討論時，家長可使用兩個技巧作切入，一是多做推測，跟子女猜測故事之後是怎樣發展，讓子女有機會表達這些聯想。第二，家長亦可以進行「延伸應用」的提問，問子女故事內容對他們來說意義是甚麼，例如故事主角在森林迷途，家長就可以以故事應用在生活上，問子女在生活中試過「迷途」嗎？並討論當時的經歷和解決方法，假如未試過則可延伸到將來，問子女如果日後行街時不見了媽媽該怎麼辦等。

03

繪本與藝術的關係是甚麼？

黃潔薇博士

繪本是文字與圖畫共存一種讀物、文學作品，繪圖者運用了不同的視覺藝術元素呈現故事，把「非筆墨可以形容」的內容帶給讀者。對於仍在前運思期，抽象思維未完全發展的孩子來說，繪本中的圖畫既吸引他們，又能幫助他們理解故事的內容。

閱讀繪本同時可培養孩子的圖像閱讀能力。從繪本主角的面部表情，孩子可以理解主角的情緒和感受；從繪本版面的構圖，孩子可了解故事人物之間的關係，例如親疏；從繪本圖畫的用色，孩子可感受到故事的氣氛。

閱讀繪本亦有助培養孩子的視覺藝術欣賞能力。觀察力是視覺藝術欣賞能力的基本能力，例如岩村和朗的《14隻老鼠系列套書》中細緻的構圖及畫功就能吸引孩子到處找那些小老鼠，看看牠們在做甚麼，甚至在圖中找到不同的昆蟲和植物。五味太郎的作品則以簡單的線條及鮮艷的顏色為主，例如《小金魚逃走了》和《爸爸走丟了》故事內容本身已在鼓勵孩子仔細觀察，充滿趣味。孩子也可以從繪本中接觸或認識到不同的視覺藝術媒介，例如郝廣才的《起床啦，皇帝！》用了紙雕造型，東君平的《黑貓媽媽》用了剪紙畫。孩子看過大量不同畫風的繪本，就會慢慢發展個人的喜好。

藝術的另一重點就是創意，有的繪本特別能誘發創意，例如安東尼特·波第斯（Antoinette Portis）的《不是箱子》和《不是棍子》，麥可·荷爾(Michael Hall)的《完美的正方形》等就鼓勵讀者對同一事物作不同聯想和想像；家長和老師不妨在跟孩子閱讀後進行相關的創作活動。

當然，家長亦可以透過一些直接介紹藝術家、名畫及美術館的繪本來讓孩子認識藝術，例如尼娜·萊登的《當畢加索遇上馬蒂斯》、蕭湄羲的《誰是第一名》和蘇珊·維爾德的《我的美術館》等。

04

閱讀可以提升兒童的大腦發展嗎？

張文惠博士

有些家長可能會擔心子女會忘記了唸過的繪本，那應該怎樣辦？如果家長遇上這些情況，不須要過分憂心。兒童唸的可不是課本，而是繪本，本身就不用太介懷他們能否牢記書上內容。有些兒童在閱讀時會顯得不太專注，但其實兒童充滿活力和好奇心，相對於比較靜態的閱讀，往往會喜歡動態活動，自然在閱讀時會「坐唔定」，這時很正常的。

此外，兒童懂得的東西和理解能力有限，並不會因為早一點接觸高階學問而立刻變得聰明，我們要明白一些小學生都未必能理解的大道理繪本，兒童讀了後好像不太了解，也是自然的事。家長最重要是從基本做起，以輕鬆有趣的繪本培養子女的閱讀習慣。兒童喜歡重覆閱讀也是很正常的事，其實兒童不會假裝，可能他因為喜歡閱讀繪本的內容、書中人物、物件、情節，或是家長們陪伴閱讀時帶給他們的親厚感覺而經常重複閱讀同一本繪本。

閱讀繪本亦能提升兒童的腦部發展，有助他們的心理和社交健康發展。有研究指出，家長陪伴子女閱讀繪本能有助刺激兒童部分腦部發展，包括對複雜語言、執行功能及社會情感的發展都有好處，但這項研究的重點是「伴讀」而並非繪本。其實，繪本帶來的好處，已經遠超三數個腦素描可以表達。我們常常希望子女健康成長，健康豈止沒有病痛，真正的健康包括心理和社交的健康。正如恆常運動和健康飲食習慣帶來身體上的健康一樣，良好閱讀習慣和適量休息有助心理和社交健康。

09 繪本、家庭與社區有甚麼關係？

陳鳳儀校長

營造一個豐富的家庭閱讀角，不一定要有書房才行。只要花點心思，小家居還是豪宅都可以營造得到。燈光方面，閱讀需要有白暖光，並要注意光線會否引起反光，影響兒童的閱讀。家長可自己選擇適合的閱讀燈。聲音方面，閱讀需要有寧靜的空間，要避免人聲、電視聲浪造成的影響。家長可與其他家庭成員多溝通交流，互相配合，注意聲線大小，並跟家庭成員一起分配時間，安排好家庭成員看電視和兒童閱讀的時間，減少互相干擾。

圖書擺放方面，圖書要放在固定、伸手可及的位置，讓兒童容易拿到。書櫃可以用膠箱、環保袋、紙皮箱等代替，並注意分類，確保整潔和不會太滿，以保持空間感及美感。此外也要避免把玩具和書本放在一起，分散兒童的注意力。

藏書方面要多元化，除了繪本，家長亦可放置各種正面的讀物，甚至可以是自己有興趣的讀物，大人的榜樣很影響子女的閱讀習慣，家長也可以多在子女面前示範多閱讀自己喜歡的書，讓一家人互相學習，建立閱讀習慣。

有一點是很值得注意的，子女6歲前我們不建議使用電子書，透過實體書讓子女練習揭書的技巧，學習何謂封面、封底也是很有意義的，我們始終鼓勵以實體書為子女建立閱讀經驗，例如書本帶有書香的味道，能啟發子女的五官感受，電子產品偏向冰冷，難以產生情感。在子女生日時，家長亦可送書本作禮物。

除了在家中閱讀，家長亦可善用社區資源，促進社區的閱讀文化。專家建議家長可發掘一下社區中的圖書館、書店，對這些空間作出建議，改善社區的閱讀空間；家長亦可嘗試帶子女參與這些空間舉辦有關繪本的讀書會。學校亦可扮演社區資源的角色，安排閱讀活動，並讓家長參與購書。家長亦可支持地區上的漂書、讀書會等活動。

閱讀跟情緒管理有甚麼關係？

趙嘉汶校長

家長可能會發現，有些兒童經常哭鬧、大叫，甚至喜歡掉玩具去發洩，但未必能以說話講出生氣的原因，亦不懂得自我調節。而日常生活中，兒童較少機會經驗一些高階認知的情緒，例如內疚及妒忌等。這時，家長可以運用情緒繪本，作為一個引子，讓子女有機會討論情緒情節，學懂情緒用語及了解引起情緒的原因，最後能學懂以不同方法來表達和調節情緒。

學者Nikolajeva（2013）指出，情緒繪本中的細節，例如故事內容發展、人物面部表情、身體動作等，家長都能運用來跟子女討論不同的情緒狀態、正負面情緒。另外，由於情緒繪本的圖畫一般較為具體及鮮明，情節亦貼近子女的生活經驗，加上兒童的腦部處理圖畫較處理文字快，所以繪本可以用作二手經驗，讓兒童明白哪些情境會產生哪些情緒。

至於Riquelme & Montero（2013）的研究則表示，家長於討論情緒繪本時，大致有以下三個行為，第一，家長能夠清晰地描述不同的情緒狀態；第二，家長清楚界定哪些情境會產生哪些情緒，並以合宜的情緒詞命名；第三，家長透過展現不同的面部表情讓子女模仿、學習。以上種種方法，都能幫助家長跟子女進行互動、討論，研究顯示能運用這些技巧來學習的兒童，在同理心及情緒穩定方面的得分較高。

討論情緒繪本時，家長亦可以運用三種表達形式，包括面部表情、動作及口語，讓子女明白有情緒時，身體會有怎樣的變化，以《生氣》一書為例，封面中主角的面部表情已經充分表現出傷心的感覺——眼眉成八字形、嘴角向下彎，而主角傷心的原因是由於他不吃青椒、打破了爸爸的東西，而且經常惹人生氣等。

又例如在《生氣湯》中，主角將不開心的事情放下鍋中，而主角的面部表情，亦展示出了難過、生氣、擔心的情緒，這些都有助兒童觀察自己和別人的情緒。這不但是主角調節自己情緒的方法，家長也可藉此作為參考。

第三章

實踐篇

繪本的內容看似淺白，有人會認為它只是兒童讀物，但當你細味下來，其實每字每句每圖都蘊含深層意義，因此我們想與讀者一同尋寶。本篇會透過繪本內容引發不同的思考，給予讀者大量的反思空間，尋找繪本內的意義，讓讀者了解故事之餘，更能將故事融入生活之中，與生活結連。

於家長而言，繪本的情節充滿童心，為孩子表達出未能以言語形容的心聲，讓成人看清孩子的角度、心態。同時，繪本既有文字，亦有豐富的圖畫，成人能利用內容與孩子進行討論。

本篇透過八本繪本，帶領大家先確立孩子個人的形象與權利——《不要一直催我啦！》及《誰是老大》；認識情緒，並學習調節——《彩色怪獸》；讓孩子感受與人的關係，包括家人與鄰里之情——《媽媽，買綠豆！》及《停電了！》。接著，與大家探討有關更多家庭倫理及社會議題，包括親子教養模式和本土文化保育——《爸爸山》及《電車小叮在哪裏？》。最後，讓大家反思持續發展等世界議題——《哪裡才是我的家？》。

每本介紹的繪本均包括「繪本訊息」、「想一想」、「試一試」、「完成後」及「從一本繪本走入另一本繪本的世界」的部分，引導家長了解親子閱讀的模式。

家長可先在「繪本訊息」了解繪本的核心價值，在「想一想」的部分，我們會點出「繪本訊息」內的重點，讓讀者有空間思索訊息內容與自己的關係，帶出個人觀點。思考過後，就到「試一試」實踐的部分，我們會運用「貼地」及生活化的活動，讓家長及子女能身體力行創造經驗，而活動的材料亦是隨手可得。「完成後」請大家總結活動中的得著和感受。最後，在「從一本繪本走入另一本繪本的世界」部分，介紹相類似的繪本作延伸閱讀。

每本繪本都有上述建議實踐的方法，讓讀者深入地閱讀繪本，並把所思所想持續運用在生活中。

《不要一直催我啦！》

作者：益田米莉　|　譯者：米雅　|　繪者：平澤一平　|　出版社：三之三文化

- -

「你今日有無時間聽吓小朋友講嘢？」

「你今日係咪好忙呀？」

「你知唔知小朋友每日

　　都好想同你傾吓計？」

繪本訊息

每個人都是獨一無二的個體，但因各種因素，例如急速的生活節奏、同儕間的競爭、社會的需要等，使家長將孩子互相比較，把既定的步伐和期望加諸他們身上。在書中，家長可看到孩子內心深處的想法：「我希望……」、「有很多感覺我說不出來。」、「不要再責問我：『為甚麼你不會呢？』」

其實，每個孩子都有**自己的步伐和擅長**的東西，家長不應比較，可嘗試**慢下來主動聆聽子女的心聲**，給予他們空間和信心，讓他們慢慢成長。

大人其實與小朋友無異，都不喜歡被別人催趕，更不喜歡被人拿來與別人作比較。大家不妨試試「停一停，想一想」，聽聽自己內心的說話是甚麼。

繪本內容

一隻小船說出孩子在面對大人催促時的心聲：「不要一直催我快一點、快一點
啦！」、「每個人的順序本來就不一樣。」即是每個人的節奏都不一樣，有時快、有
時慢、有時靜止不動。小船表明他不想比較、不想被拉扯壓迫、很想慢慢按自己
節奏向前走。

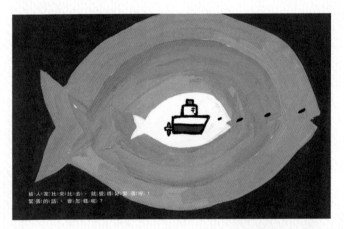

被人家比來比去，就覺得好緊張啊！
緊張的話，會怎樣呢？

大家都不一樣，
都有自己擅長的事。

閱 讀 小 準 備

家長和小朋友在進行活動前，

應先拿起繪本，再一起走進故事世界。

尋書的方法

☐ 向親友借閱

☐ 到圖書館借閱

☐ 在學校借閱

☐ 逛書店

☐ 漂書

☐ 瀏覽網上資源

☐ 其他＿＿＿＿＿

活動一
打開孩子的心扉

想一想

在忙碌的生活中，你有沒有每天抽空聆聽孩子說話？其實只要你願意，每天製造15分鐘親子時間並不是一件很奢侈的事，例如減少玩手機或看電視的時間，或利用吃飯時、睡覺前等時間，專注地聆聽孩子分享的事或心情。聆聽孩子的聲音，就能走進他們的內心世界。

試一試

與孩子聊天並不困難，家長可先分享自身經歷的瑣事和感受，例如：「我今日返工嗰時落好大雨，搞到成身濕晒啊！」、「我今日出街時見到……」亦可以從他人的角度出發，例如：「點解爸爸今日咁晏返？」、「老師讚你今日好乖喎！不如話我知你今日返學做過咩？」再耐心聆聽孩子的回應，嘗試打開他們的心窗。

完成後

你能否成功打開話匣子，好好地和
孩子聊天？聆聽孩子的聲音後，你
有甚麼新發現呢？

活動二
由「他」當爸媽

想一想

你請孩子做事時，他是否立刻就做？還是要你三催四請他才做？你是否覺得他「不聽話」？其實每個人的需要和想法都不一樣。在你自覺已為孩子安排好一切前，可曾試過以孩子的角度出發，反思一下這些是否孩子的真正需要？

試一試

家長可嘗試把主導權讓給孩子，由他決定日常生活的事，例如在家中吃飯時，請孩子幫家長舀飯，分量由孩子控制；外出吃飯時，請孩子決定一間餐廳，並為家長挑選食物；逛街時，請孩子為家長選購衣物，任由他為你配搭造型。家長可藉此感受一下，每件事都由別人為你安排和決定時的感覺。

完成後

孩子替你作的選擇是你想要的嗎？
當不能為自己作出選擇時，你有
甚麼感受？家長應嘗試以孩子的
角度出發，凡事多問、多關心，接
納及尊重孩子真正的需要，就可
拉近親子之間的距離。

從一本繪本 走入另一本繪本的世界

現實生活中，常常存在人與人
之間的比較，家長不妨和孩子看
一看《一定要比賽嗎？》這本繪
本，反思為甚麼一定要比賽？為
甚麼一直催迫著孩子比別人走
得更快、更前呢？

《誰是老大？》

作者：謝宜蓉　｜　繪者：謝宜蓉　｜　出版社：信誼

「點解爸爸媽媽講嘅嘢就一定要聽？」

「點解家姐 / 哥哥可以咁做，
我就唔得呀？」

「點解只係得班長先可以叫人做嘢，
我都好想叫小朋友做嘢。」

「點解我要讓細佬 / 細妹呀？」

繪本訊息

孩子在成長過程中，都會與主角一樣，**渴望**有話事權，這是對**自主的渴望**，背後反映著孩子對長大的渴求，以及表現「自我能力」的需要。每個人都有自己的角色，角色包含權力，權力背後實際上隱藏著責任和付出。家長要讓孩子明白先有能力，才有權力，而權力附帶**義務和責任**。家長需讓子女明白不同角色的責任，從中了解自己的能力，**建立自我肯定的態度**。

繪本內容

書中小男孩一直渴望當「老大」，希望可以得到決定事情的權利，能有主導的機會。但當他和爸爸媽媽、哥哥、班長等「老大」進行一連串的角色交換後，發現在權力的背後，每人都背負著責任。最後，擅長踢球的他發現他也是能負責任的「老大」，有他的才能、角色和責任。

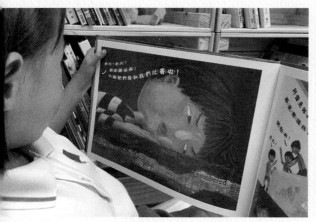

閱 讀 小 準 備

家長和小朋友在進行活動前，
應先拿起繪本，再一起走進故事世界。

尋書的方法

☐ 向親友借閱

☐ 到圖書館借閱

☐ 在學校借閱

☐ 逛書店

☐ 漂書

☐ 瀏覽網上資源

☐ 其他_____

活動一

角色互換計時器

想一想

你有否留意到自己的孩子從有能力開始，就拒絕成人的勸告和幫忙，想自己「話事」？孩子渴望做「話事人」，但「話事」的背後需要承擔責任，不然就會變成橫行霸道。現在嘗試與孩子互換角色，讓他們感受當話事人的滋味，包括當中的權利和責任。

試一試

讓子女和家裡其中一人交換身分一至兩小時，告訴孩子他擔任該角色所需要完成的工作和可以自主的事情，例如擦地板、洗碗和看電視等。讓子女感受不同角色的權利和背後的責任。

完成後

讓子女分享交換角色後的感覺,喜
歡和不喜歡該角色的哪種能力和
責任?為甚麼?

活動二

相信‧放手

想一想

成人常常認為孩子年紀小，甚麼都不知道、做不到。即使成人相信孩子有能力，但往往因時間關係而急急替孩子完成事情。若孩子從來沒有嘗試過自己完成工作，又怎能建立能力感？大家應在孩子「話事」時，讓他們真的能承擔責任，再肯定他們的努力，建立他們自我肯定的態度，累積信心及經驗，成為獨當一面的人。

試一試

請安靜下來，想想一件孩子常常想自己動手做，但卻遭到你們拒絕的事情，再安排機會讓孩子嘗試「動手」，或許孩子想幫忙洗碗，或許孩子想自己拿一碗湯，無論是甚麼事情，只要是合乎他能力範圍所在，以及在安全合適的情況下，家長可放手旁觀，讓子女一試吧！

完成後

孩子的能力有讓你對他另眼相看嗎？有否發現自己有時會過分擔心？除了這些以外，還有甚麼事，你能夠放手，信心滿滿的讓孩子動手做？

從一本繪本走入另一本繪本的世界

為自己的事作決定，同時為自己所作的決定負責任，是孩子對自我能力的肯定。家長給予空間後，你會發現子女有意想不到的想法及能力。在《街道是大家的》一書中，孩子為保護自己遊戲的權利，而努力「重現遊樂場」，培養孩子不但關心對自身有影響的事，亦關注生活中的社區及環境。

《彩色怪獸》

作者：安娜·耶拿絲 ｜ 譯者：李家蘭
繪者：安娜·耶拿絲 ｜ 出版社：三采文化

- - - - - - - - - - - - - - - - - - -

「我已經好嬲嘞，唔好煩住我啦！」

「我數三聲，你唔好再喊嘞，
一、二、三，收聲！」

「快啲啦，咁慢！
再係咁唔帶你去公園玩㗎嘞！」

「對唔住呀BB，唔好喊，唔好嬲，
我買畀你，你要咩？」

繪本訊息

每一天，生活中都會出現不同狀況，我們因而出現或隱藏著不同的情緒，你認識它們嗎？能和它們相處嗎？其實有情緒是一件正常不過的事，我們也需引導孩子面向情緒，**認識自己的情緒**，再**感受自己的感覺**，繼而學習表達自己，以作抒發。孩子沒來由的鬧脾氣是常事，也是理所當然的，因為小孩根本就說不清楚他們當下的感受，只好又哭又鬧，這時候，做父母不應壓抑子女的情緒，而是要幫助他們表達自己、**認識自己的情緒和感覺**。

繪本內容

書中的彩色怪獸今天心情有點亂，連身上的顏色都變得好亂，需要把心情分開整理一下，有像太陽的「快樂」、像雨天的「憂傷」、像火焰的「生氣」、躲在陰影中的「害怕」、像葉子輕盈的「平靜」，他需要整理好各種心情，修補混亂的情緒。

閱 讀 小 準 備

家長和小朋友在進行活動前，
應先拿起繪本，再一起走進故事世界。

尋書的方法

☐ 向親友借閱

☐ 到圖書館借閱

☐ 在學校借閱

☐ 逛書店

☐ 漂書

☐ 瀏覽網上資源

☐ 其他＿＿＿＿＿＿

活動一

情緒攝影師

想一想

一般來說，人都不習慣開口說出自己的情緒，有可能是由於情緒詞彙貧乏，當心情不佳時往往只會以「不開心」來概括，其實有一些更貼切的詞彙來形容箇中的感受，例如難過、悲傷、心痛、委屈、內疚、失望、後悔等。作為家長的你，能夠說出多少個詞彙來形容「開心」和「不開心」以外，更深層次的感受？其實認識「情緒」的名稱就如孩子學習「ABC」和「123」般基本。

試一試

請利用《彩色怪獸》繪本中曾出現的情緒，向孩子介紹情緒的名稱，從而開啟認識情緒的大門。之後可嘗試作一些小試驗，先從家人開始，與孩子利用相機或手機捕捉他們當下的樣子，在相中閱讀他人的表情，嘗試辨識及說出當事人的情緒。

完成後

你和孩子能說出多少種情緒的名
稱？形容他人表情時的用詞貼切
嗎？在日常生活中有否增加開口
表達自己情緒的次數呢？

活動二
情緒回收樽

想一想

每個人都會出現不同的情緒,但普遍都偏向關注負面的情緒,包括憂傷、傷心、失望、沮喪、生氣、憤怒、害怕、恐懼等,而容易忽略一些正面的情緒,例如平靜、輕鬆、快樂、興奮等。其實正負面情緒同樣重要,有不開心的感覺作對比,才能突出開心的感覺是如此可貴,因此我們要關注這兩大類情緒。

試一試

以小玩具、球、紙條等東西代表不同情緒,每當覺察到自己的情緒時,先用說話表達當刻的感受,再按自己的感受將代表該情緒的東西放在一個器皿。一天下來,會發覺器皿內存放了各種情緒。之後,可與孩子討論及說明各種情緒及其由來,讓孩子慢慢理解人的情緒是有很多種的。

完成後

根據你們的記錄，有哪些情緒是
你們常常出現的？你們習慣表達
自己了嗎？

活動三
情緒氣泡

想一想

每個人的每一天，都會因著當天的經歷而有不同的感受，從而漸漸累積不同情緒。孩子與成人無異，同樣有高低起伏的情緒，我們要正視並與孩子一同梳理它們，教會孩子認識情緒，引導他們把情緒表達出來，他們就能慢慢地正確處理自己的情緒。

試一試

請與孩子找一個安靜舒適、不被打擾的空間，例如家中的一角、樹蔭下、草地上，大家一起盤膝而坐，家長用溫柔而平靜的聲線帶領孩子一同呼吸：先用鼻子深深吸入一口氣，直至肚子漲漲的，孩子聽著家長緩和地數五聲，然後幻想自己用口吐出一個氣泡，直到吐出肚中所有的氣為止，重覆以上步驟數次。

完成後

你和孩子吐出了怎麼樣的情緒？

能靜靜地分享你們的感受嗎？

從一本繪本
走入另一本繪本的世界

有情緒是一件自然不過的事，有
如睡覺和吃飯一樣，每天也會發
生，如何表達及處理則每人也有
不同。眼淚是孩子表達情緒的
一種方式，繪本《眼淚海》背後
想訴說哪一種情緒呢？

《媽媽，買綠豆！》

作者：曾陽晴 ｜ 繪者：萬華國 ｜ 出版社：信誼

「你可唔可以帶我去？」

「好，遲啲先！你等我得閒先！」

「呢啲地方唔啱你嚟㗎！」

「去呢啲地方，你會覺得好悶㗎！」

繪 本 訊 息

互相陪伴是促進親子關係的重要元素,你們可曾發現,原來孩子在你買菜、上班、購物時,都渴望你會把他帶在身邊。你會如何**回應孩子的渴求**呢?孩子比我們更懂得在生活中發現樂趣,書中描述孩子與媽媽逛街市時,儘管雜貨店裡有琳琅滿目的商品,孩子卻對綠豆情有獨鍾,透過母子倆從買綠豆、煮綠豆、喝綠豆湯到種綠豆的生活經驗,凸顯**兩代間的默契與尊重**,並感受親情的溫度。

繪本內容

阿寶喜歡和媽媽去買菜。這天，他們如常地一起到雜貨店買東西，充滿活力的他從買綠豆、煮綠豆湯、吃綠豆湯、製作綠豆冰棒到種綠豆的過程，都享受著和媽媽一起的滿足。在夏天，一起喝綠豆湯和吃綠豆冰不只透心涼，還能將親情透入心中。

阿寶喜歡和媽媽去買菜。

他每一次都說：「媽媽，買綠豆。」

3

「我來洗綠豆。」

閱讀小準備

家長和小朋友在進行活動前，

應先拿起繪本，再一起走進故事世界。

尋書的方法

☐ 向親友借閱

☐ 到圖書館借閱

☐ 在學校借閱

☐ 逛書店

☐ 漂書

☐ 瀏覽網上資源

☐ 其他＿＿＿＿＿

活動一
陪伴安心寶

想一想

在營營役役的生活中，除了忙於處理工作和家事外，我們當然也想抽時間做自己喜歡的事情。但你有沒有想過孩子也想時刻伴隨在你身邊？為取得平衡，家長不妨嘗試帶子女走進自己的生活圈子，共同分享個人喜好，與孩子一同發掘生活中的樂趣，一起感受互相陪伴的溫度吧！

試一試

孩子的要求很簡單，他們只要能和你身處同一個環境、分享同一個空間，便會感到特別安心和自在。家長不妨嘗試讓孩子跟著你上班、上髮型屋、參加朋友聚會等。當然，孩子在跟著你的同時，他們也可以進行屬於自己的活動。家長應預先與孩子一起準備一個遊戲包，在遊戲包內擺放孩子喜歡或感興趣的物品，讓孩子主動尋找樂趣，在當中獲得滿足感。

完成後

孩子陪伴在你身邊時做過甚麼？

你和他的感覺又如何呢？

活動二
一起選擇

想一想

在你們的家庭生活中，孩子們能夠參與決策嗎？孩子和你一樣，都有選擇的權利，而且有著自己的想法和喜好，並想在你們的陪伴下一起完成想做的事情。家長應給予孩子平等和合適的選擇機會，一起努力去實踐尊重彼此的藝術。

試一試

你們可在日常生活中，為孩子提供一些合適的選擇機會，過程中接納彼此的意見。例如在購物前，你可預先和孩子商量要購買的物品；帶孩子出外遊玩時，不妨先與孩子討論想去的地方。從這些生活細節中，令孩子參與簡單的討論並作出選擇，讓他感受到尊重。

完成後

你有樂意接納孩子的意見嗎？你
們一起選擇了甚麼？

從一本繪本
走入另一本繪本的世界

夏天的一根綠豆冰，散發出平淡
而溫馨的母子情，食物的味道總
是反映著親情的溫度。繪本《媽
媽的一碗湯》中，會否也令你回
想起在不同的季節中，你為孩
子準備的湯水呢？孩子在喝湯
時的表情，會否令你感到湯中帶
出的親情溫度呢？

05

《停電了！》

作者：約翰‧洛可　|　譯者：郭恩惠

繪者：約翰‧洛可　|　出版社：遠見天下文化

「媽咪，你自己都玩手機啦！」

「成日掛住睇電話！」

「叫極你收埋部機都聽唔到！」

「等我覆埋啲訊息先，等多陣先！」

繪本訊息

社會變遷，人與人的互動關係亦有所改變，由以往大家庭年代，漸漸走進小家庭社會。鄰里關係由舊屋邨時代，各家各戶開門交流，到現在住在高樓大廈裡大家都關上大門，除了偶爾在電梯或大堂中碰面，點頭微笑外，相遇的機會都微乎其微，更莫說互相關顧與照應。人與人之間這麼疏離是好事嗎？家長回到家後，可否先放下手上的工作，花點時間與孩子共處，**與家人共享互動時光**？打開家門，大家又是否願意與左鄰右里有進一步的互動，**建立親切互助的鄰里關係**？

繪本內容

小主角一直拿著棋盤想找人一起玩，可惜一家人各有各忙。突然停電，起初令一家人感到錯愕與慌張。大家不能打電話、不能用電腦、不能煮飯，製造了讓一家人聚起來的機會。一家人一起看星光、一起走到街上和鄰居互動，大家聚在一起享受相處的時光。

閱 讀 小 準 備

家長和小朋友在進行活動前，
應先拿起繪本，再一起走進故事世界。

尋書的方法

☐ 向親友借閱

☐ 到圖書館借閱

☐ 在學校借閱

☐ 逛書店

☐ 漂書

☐ 瀏覽網上資源

☐ 其他_____

活 動 一
停 電 時 間

想一想

現代人的生活就是忙碌，因而忽略了人與人之間的關係，甚至連家長都忙於做家務而忽略孩子，於是孩子漸漸依賴電子產品，心靈空虛。你和孩子悶在家時，會否常常只會各自顧著手上的電子產品？在孩子玩樂時，你又會否只顧替孩子拍照，為保留那一刻，而忽略了與他共處的當下？

試一試

請與孩子一同協議，訂立「停電時間」，每天在指定時間內暫停使用所有電子產品，並放下手上工作，把專注都放在對方身上。「停電時間」可與孩子一起討論或分享大家想做的親子活動，或許是進行一輪桌上遊戲，或許是共同炮製一頓下午茶，或許是一同散步，透過一家人一同進行活動，享受互動的時間。

完成後

自製的停電時間後，感覺如何？
你們在這段親子時間最享受的是
甚麼？最受家人歡迎的是哪一個
活動？

活 動 二
祝 福 速 遞 員

想一想

向鄰居借用油鹽醬醋的情況不再存在，相約鄰家小孩在梯間走廊玩耍的情節亦已不復再，但這種種的場面就是愛的表現！如何能打開現今世代鄰里關係的大門？讓我們建構良好的社區網絡，把愛延伸出去；在家庭與家庭之間發揮良好的鄰里互助關係；在家中跟孩子和長輩，有著支援和分享。

試一試

把握節日的時機進行「祝福」大行動。家長可與孩子一同在節日製作揮春或聖誕卡，讓孩子向左鄰右里、管理員和負責清潔的姨姨叔叔等主動送上自製的祝福，加強彼此的認識，探索一下往後的互動機會，開始建立鄰里網絡。家長亦可將「祝福」行動擴展到公園，與住在同屋苑甚至同區的鄰里建立關係。

完成後

你們在鄰里中認識了新朋友了嗎?

他的名字是甚麼?何時何地會再

見面?

從一本繪本
走入另一本繪本的世界

重新整理我們生活的重心,將人
與人的關係放在首位,讓人情味
的溫度化作工作的動力,像《被
遺忘的小綿羊》繪本中,每張為
小綿羊提供幫忙的美麗面孔,幫
助無助及憂心的小綿羊渡過漫
漫長夜,靜待小女孩的回來。

06

《爸爸山》

作者：曹益欣　｜　繪者：曹益欣　｜　出版社：聯經

- - - - - - - - - - - - - - - - - - - -

「我好鍾意同爸爸媽媽玩！」

「爸爸，你幾時做完嘢呀？
有時間同我玩未呀？」

「係咪想過嚟同我玩呀？」

「成日都玩公仔，玩吓其他嘢啦！」

繪本訊息

作為父母應怎樣教養孩子，大家都有自己的一套，但無論如何，陪伴一定是啟蒙孩子、**教養孩子的起步點**。不過提提大家，在**陪伴孩子的同時**，嘗試**給予空間**讓孩子去探索周遭事物，**接受**他們在幻想世界中遊樂，**尊重和保護孩子的想法**。我們相信，一些看似平凡的遊戲，都能讓孩子得到無限的快樂；相信從平凡中獲得的快樂能夠帶給孩子幸福。在過程中，家長再給予孩子愛的鼓勵，肯定其所想，讓他們能以正面態度保持那份童真和好奇心，讓孩子無限的想像力發揮其神奇的能力，這就是給予孩子空間產生的力量！

繪本內容

小女孩幻想自己是探險家，爸爸是一座可以攀爬、展開神奇之旅的高山。而在沙發看書的爸爸，無論孩子在他身上鑽過、滑下、抓著他手臂盪來盪去，他都保持著寬容的臉，靜靜地配合孩子，像山一樣的存在，陪伴著孩子。讓孩子從平凡的想像遊戲中，感到幸福。

今天，我是探險家。

然後盪過這片叢林。

閱讀小準備

家長和小朋友在進行活動前，
應先拿起繪本，再一起走進故事世界。

尋書的方法

☐向親友借閱

☐到圖書館借閱

☐在學校借閱

☐逛書店

☐漂書

☐瀏覽網上資源

☐其他＿＿＿＿＿＿

活動一
私人遊樂園

想一想

如果我們身邊沒有任何玩具，怎樣能夠以「赤手空拳」與孩子玩遊戲？如果與孩子在同一空間相處，怎樣能夠在做各自的事情時，同時存在著陪伴的元素？在互動的過程中，如何互相尊重？就如書中的爸爸陪在孩子身旁，給予孩子幻想的空間去玩自己的遊戲。這種親子之間的默契，令家長與孩子的「身心靈」結合，是教養中不可或缺的元素。

試一試

讓家長化身成孩子最安全的大玩具，與最愛的孩子進行簡單的遊戲。請張開你的雙手，變身為孩子的升降機或直升機，抱緊他、讓他感受安全的飛行之旅；合上你的雙腿，變成孩子的滑梯，讓他爬上你的身軀，「瀡」一聲滑下來。

完成後

在遊戲中，你可有察覺到孩子的
反應？你享受這個親子時光嗎？你
還能與孩子進行甚麼徒手就做到
的平凡遊戲？

活動二
孩子的書

想一想

孩子有沒有說出一些古靈精怪的想法呢？當孩子仍有一份童心，對身邊事物仍然充滿好奇及幻想、敢於做夢。童年時出於好奇的幻想會成為他們人生中珍貴的回憶，當刻的夢想能否成真並不重要，較為重要的是家長尊重他們天馬行空的想法，並協助他們保存寶貴的念頭和回憶。

試一試

每天記下孩子天馬行空的想法，放下批判思想，不必理會對與錯或其可行性，更不要把它視作幼稚的念頭。每個周末和孩子一起閱讀記錄，孩子願意的話，可以鼓勵他們分享想法。隨著年復年的記錄，說不定當孩子長大後回看，很多想法已實現。記得好好保存你們珍貴的記錄啊！

完成後

不時翻一翻「孩子的書」，欣賞自己在忙碌生活中仍然努力把孩子的想法記錄下來，欣賞自已對孩子的尊重和支持！

活動三
愛的抱抱

想一想

「愛的鼓勵」是甚麼？一個擁抱勝過一堆玩具、一個讚賞勝於千萬粒糖果。親子間身體上適當的接觸，能將彼此的距離拉近，信任度及安全感也會因而提升。大部分人不論年紀，都喜歡溫暖的擁抱，亦需要安全的感覺。在孩子眼中，最親近及最重視的人就是父母，家長不要吝嗇你身上無價的鼓勵，每一言、每一抱都能給予孩子無限的力量！

試一試

現在立刻張開你的雙手抱抱孩子！每天給孩子最少一個「愛的抱抱」，抱抱的方式可以千變萬化，例如緊緊的熊抱、淺淺的肩膀抱、溫馨的從後抱，家長不妨想一想還可以怎樣抱，讓你與孩子間「愛的抱抱」有著你們家的獨特性。

從一本繪本
走入另一本繪本的世界

當決定要成為父母時，請記著
陪伴孩子之餘，仍然讓彼此有各
自的空間及尊重。在《我愛星期
六》繪本中描繪的家庭生活，帶
出平凡生活的快樂，同時反映孩
子對家人陪伴的渴望。優質的
陪伴配合適合的教養，讓孩子
的童年來得更完整。

完成後

你們最特別的擁抱方式是怎樣？
在擁抱的過程中，你和孩子除了
親密的感覺，還有甚麼其他的感
覺嗎？

07

《電車小叮在哪裏？》

作者：劉清華、林建才 ｜ 繪者：劉清華、林建才 ｜ 出版社：木棉樹

日常生活中，
你有留意過電車的蹤影嗎？

「我們每天出門都會看見它！」
港島人

「我們平時只搭巴士、
地鐵和的士。」
九龍人

「它不是叫『輕鐵』嗎？」
新界人

繪本訊息

電車自1904年投入服務，一百多年來依舊在同一條路軌上行走，是香港其中一種古老的交通工具，電車行走時會發出「叮叮叮」的提示音，所以香港人會稱之為「叮叮」。

電車叮叮的速度很慢，遊走在香港這個步伐急速的城市，看似格格不入。然而，這卻是香港人的集體回憶。電車小叮讓孩子認識到**香港的特色文化**，透過穿梭於香港的街道裡，讓人**珍惜懷舊與現代共融之美**，細味當中獨特的情懷。

「叮叮叮」

繪本內容

電車小叮每天都為城市裡的人服務，他漸漸地羨慕看似自在與快速的火車、的士、巴士等，變得自卑和洩氣，甚至因為害怕被時代淘汰而病倒。小叮幾天沒有出現，大家四處尋找他，又寫了一些小字條為他打氣。小叮聽到人們的呼喚，收到大家的鼓勵和祝福，終於重新振作，再次出發。

看，這就是電車小叮．

閱 讀 小 準 備

家長和小朋友在進行活動前，
應先拿起繪本，再一起走進故事世界。

尋書的方法

☐ 向親友借閱

☐ 到圖書館借閱

☐ 在學校借閱

☐ 逛書店

☐ 漂書

☐ 瀏覽網上資源

☐ 其他_____

活動一
電車逛一逛

想一想

你們體驗過「走讀之旅」嗎？不妨帶著孩子乘坐電車，展開一場走讀之旅吧！隨著電車的移動，你會看到跟平時不一樣的風景。這一趟不只是經歷電車走的路，也是經歷香港走過來的路，更是尋找屬於我們自己的路。放下急促的步伐，坐上百年歷史的電車，讓孩子為香港的故事感到自豪及產生共鳴。

試一試

先瀏覽電車網頁，按你們的喜好選擇其中一條「主題之旅」路線。遊覽時，和孩子一起觀察和發掘車外具有香港特色的人、事、物，沿途互相分享。和孩子乘坐電車後，你可以到電車網頁，上載屬於你們和電車的故事，或觀看他人的「叮叮日記」。

完成後

你們去了甚麼地方遊覽？在那裡
看到了甚麼？乘坐電車時，你和孩
子有何感受？

活動二
尋回熟悉的味道

想一想

在你們居住的社區中，仍有甚麼香港的特色小食呢？

試一試

砵仔糕、燒賣、雞蛋仔、白糖糕、叮叮糖、豬腸粉、糖蔥餅⋯⋯你記得這些童年的味道嗎？不妨帶孩子出外逛逛，尋覓這些回憶中的味道，這些懷舊小食通常出現在「士多」中，例如石硤尾南山邨的「財記士多」。提提大家在購買前，記得和孩子一起觀察店內的環境和食物的包裝，皆因這些也是回憶的一部分啊！

香港士多
STORE

完成後

品嚐了香港的特色小食後，成人
一方面回味了自己的童年，另一
方面，也為孩子的童年添加了新
的回憶。

活動三
親子慢走團

想一想

在香港這個小城市中,除了連鎖店外,你還發現有甚麼類型的店舖呢?趁著事物還未完全消失之前,馬上開始行動吧!

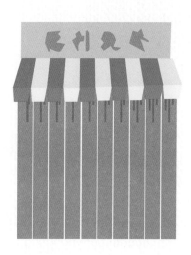

試一試

你現時居住的社區,儘管未必是著名的旅遊勝地,但總有一些令你回味無窮的特色之處。你可以和孩子抽一天時間,慢慢地在附近走一圈,發掘該區的特色,成為該區的「旅遊大使」。

從一本繪本
走入另一本繪本的世界

超越《電車小叮》的路線，遊覽
整個香港，讓孩子與香港不同區
域的人對話——《香港遊》。

完成後

旅遊大使，謝謝你為社區盡一分力！
在發掘過程中，你有沒有發現，平日
匆匆走過的街道，可能藏著不少有趣
的事物，珍惜現有的社區風景吧！

08

《哪裡才是我的家？》

作者： 金皆竑、林珊 ｜ 繪者：劉昊
出版社：湖南少年兒童出版社（簡體字版）
木棉樹（繁體字版）

- -

「熱咪開冷氣囉，有咩問題呀？」

「唉，宜家啲天氣亂七八糟咁！」

「五月初已經有33度，
熱暈啦，點算呀？」

「咩係源頭減廢？」

繪本訊息

現代人關注「全球暖化」問題，孩子學習到各式各樣的環保方法，但學過後會否水過鴨背，最後還是捨難取易，抑或能**內化環保的意識**，將持續發展的理念融入生活當中？其實**人類與大自然環境息息相關**，大家都是地球的一分子，全球暖化的危機影響著大家的生活。在引導孩子保護地球時，希望培養他們以謙卑和尊重的態度**和自然共存**。

繪本內容

一群一直住在南極的企鵝發現自己的家前面多了條小河，而且愈來愈寬。有一天，他們的家更差點掉入河裡！企鵝一家急忙收拾行李，帶著不捨的心情離開了。可是，他們走著走著，走遍了大半個南極，都找不到可以棲身的地方。他們在路途中找了很多朋友幫忙，看似有盼望找到新的家，但一次又一次失望而回，最後遇上了北極熊，但發現……此繪本運用了神奇的物料製作，遇上不同溫度會產生變化，讀者可透過「按一按」、「拍一拍」、「呵一口氣」親身體驗冰川遇熱的情況，讓讀者能切身感受其嚴重性。

閱 讀 小 準 備

家長和小朋友在進行活動前，
應先拿起繪本，再一起走進故事世界。

尋書的方法

☐ 向親友借閱

☐ 到圖書館借閱

☐ 在學校借閱

☐ 逛書店

☐ 漂書

☐ 瀏覽網上資源

☐ 其他＿＿＿＿＿

活 動 一
大自然冷氣機

想一想

大自然與我們關係密切，只要細心留意，就會發現身邊有許多「有形」及「無形」的大自然元素圍繞著我們，例如空氣、陽光、聲音、雨水、雲、山丘等，就連蝴蝶和蜜蜂，都是大自然的一部分。既然大自然與我們的生活有著不可分割的關係，那麼不妨看看你身邊有哪些是大自然的元素，再想想和我們有甚麼關係？

試一試

在酷熱天氣下，大家都可以在家中享受「冷氣機」的涼快，然而當離開清涼的家，走在炎熱的街頭，我們如何尋找避暑的地方？嘗試走出家門，在烈日當空下找一棵高高的大樹，先站在樹底下，感受一下，再走出樹蔭，站在太陽下，感覺有沒有甚麼轉變呢？

完成後

有樹蔭和沒有樹蔭的分別大嗎？你
的社區有多少棵大樹？足夠嗎？

活動二
家庭環保政策

想一想

細心觀察一下市區裡的樹木數量，它們有隨著年月而減少嗎？以往一直都存在的「植樹」活動，你有參與過嗎？近年，因著環保而出現了各種不同形式的活動，例如「地球一小時」、「全城走塑」、「無紙巾日」等，你又有參與嗎？我們都希望這些活動並非流於口號，而是能持久地進行，並成為我們生活的一部分，令地球仍然是我們下一代、甚至是世世代代都適宜居住的地方。

試一試

請與孩子開會，訂定「家庭環保政策」，例如源頭減廢，確立延遲購買的家庭口號：「停一停，諗一諗，是否非買不可？」在買東西前應慎重考慮其必要性，先與孩子討論購物的需要，並在家中檢查有沒有可取代的物品，避免製造更多的垃圾。

另一方面，與孩子養成資源回收的習慣，例如與孩子一同在家中設置固定的回收箱，將可回收的東西分類、定期整理（例如撕除貼紙、剪去不能回收的部分、清洗乾淨等）並將之送往信譽良好的回收站或回收團體，持之以恆地在家中進行，讓資源回收成為生活的一部分。

完成後

為了讓孩子有反思的機會以及將
環保融入生活中，大家可以製作記
錄表，每星期記錄購買及回收物
品的數量，以檢討該星期的狀況，
無論效果良好或有需要改善，都
與孩子檢討情況，並持續進行。

從一本繪本
走入另一本繪本的世界

全球暖化令企鵝的家不再寒冷，
與此同時氣溫上升亦對我們的生
活造成影響，常常聽人們談到現
今的冬天不如以往那般寒冷，夏
天似乎也變得更熱了。嘗試走進
《這個節日是春天》的繪本中，
和孩子一起談論這個話題吧！

閱讀後，我們發現……

閱讀是心靈的良藥，撫平內心的感受；
閱讀是無價的瑰寶，比任何物質更可貴；
閱讀是腦袋的刺激物，不斷激盪思考；
閱讀是一條軌道，接駁世界不同的網絡；

原來，閱讀確是人生的「好家伙」。

第四章

總結篇

香港近年掀起本土閱讀思潮，不同的自發組織或非牟利機構組成以區域劃分的爸媽讀書會或網上fan pages，甚至一些書友設立私人繪本館，以供家長認識不同的閱讀技巧及繪本類型。香港的公共圖書館亦致力跟上潮流，舉辦「走讀香港交通工具系列」及「快閃圖書館」等不同的閱讀活動，使得閱讀能與地區連結。

另外，一些香港本土學者及繪者亦開始繪製不同有關香港傳統習俗、生活環境、地區文化等的繪本，例如由早期劉傑斯製作《香港彈起》的立體書、鄧子健的《香港老店立體遊》及《香港傳統習俗故事》；到近期劉清華、林建才的《電車小叮在哪裏？》及樂施會描述香港劏房生活的《神奇小盒子》。皆紛紛訴說香港的歷史或現況。

以上的潮流反映了甚麼呢？就是香港過往缺乏了像外國或台灣「貼地」的繪本，缺乏了一些可以讓孩子可以參與更多元化的閱讀活動。因此，為了讓閱讀更一進步貼近生活，讓繪本成為家庭的好伙伴，我們推出香港第一本以連結本土、社區的繪本導讀書，希望藉著青協三所幼稚園的繪本教學及推動親子閱讀的經驗，以讓家長明白閱讀可以是樂事，並解答家長對於閱讀的迷思，然後在生活中實踐閱讀。

繪本資源

書名	作者	出版社
《童書久久》	高明美	台灣閱讀協會
《童書久久II》	高明美	台灣閱讀協會
《童書久久III》	高明美	台灣閱讀協會
《童書久久IV》	高明美	台灣閱讀協會
《英文繪本 創意教學1》	張湘君	維克國際
《英文繪本 創意教學2》	張湘君	維克國際
《英文繪本 創意教學3》	張湘君	維克國際
《圖畫書的欣賞與應用》	林敏宜	心理
《幼兒情緒與繪本教學》	傅清雪	心理
《FUN的教學：圖畫書與語文教學(第二版)》	方淑貞	心理
《話圖-兒童圖畫書的敘事藝術》	培利‧諾德曼	財團法人兒童文化藝術基金會
《繪本創作DIY》	鄧美雲、周世宗	雄獅美術
《童書插畫新世界》	馬丁‧沙利斯伯利	積木文化
《讓寶寶愛看書：0~3歲閱讀行為放大鏡》	李坤珊	信誼基金出版社
《小小愛書人 》	李坤珊	信誼基金出版社
《零歲起步：0~3歲兒童早期閱讀與指導》	周兢	天衛文化
《繪本有意思──幸福共讀法寶》	梁書瑋	大樹林
《陪孩子一起玩故事》	余苗	華文精典
《快樂讀出英語力：用英文兒童讀物開啟孩子的知識大門》	洪瑞霞	商周出版

書名	作者	出版社
《繪本有什麼了不起》	林美琴	天衛文化
《打造兒童閱讀環境》	艾登・錢伯斯	天衛文化
《觀賞圖畫書中的圖畫》	珍・杜南	雄獅美術
《兒童閱讀新識力》	林美琴	天衛文化
《兒童文學在幼兒園中的運用》	葉嘉青	心理
《親子共讀-做個聲音銀行家》	王珝	幼獅文化
《自主閱讀：讓孩子自選與自讀， 培養讀寫力》	史蒂芬・克拉申、 李思穎、劉英	親子天下
《有效提問： 閱讀好故事、設計好問題，陪孩 子一起探索自我》	陳欣希、許育健、 林意雪	親子天下
《說來聽聽： 兒童、閱讀與討論（三版）》	艾登・錢伯斯	天衛文化
《家庭學校與社區協作： 理論、模式與實踐》	吳迅榮	學術專業圖書中心
《享受閱讀──親子共讀有妙方》	黃迺毓	宇宙光
《童書是童書》	黃迺毓	宇宙光
《共讀繪本，教出全人格的孩子》	山本直美	時報出版
《透過藝術的教育》	赫伯特・里德 （Herbert Read）	藝術家
《寶寶聽故事：共讀好好玩， 用繪本啟動孩子的閱讀力》	謝明芳、盧怡方	新手父母
《繪本之眼》	林真美	親子天下

繪本資源

書名	作者	出版社
《親子共熬一鍋湯故事》	幸佳慧	天下文化
《繪本原創力：臺灣繪本創作者的故事》	陳玉金	天衛文化
《0-6歲 親子悅讀地圖》	陳欣希	臺灣麥克
《繪本大表現》	林敏宜	優質教學
《繪本大變身！152個情境遊戲，玩出大能力》	袁巧玲、林怡伶、李鴻儀、邱宛儀、張洪、鄒劭彤	親子天下
《幼兒的語文經驗》	黃瑞琴	五南
《幼兒語文教材教法》	陳淑琴	光佑
《大人也喜歡的繪本》	魏淑貞、賴嘉綾/企畫	玉山社
《創作者的工作桌與日常》	黃惠鈴	聯經出版公司
《繪本動起來：20種繪本提問示範、20個精采手作提案，親子動手動腦玩繪本！》	王淑芬	親子天下
《繪本原創力：臺灣繪本創作者的故事》	陳玉金	天衛文化
《童書遊歷：跨越國境與時間的繪本行旅》	賴嘉綾	玉山社
《小熊媽給中小學生的經典&悅讀書單101+》	小熊媽（張美蘭）	野人
《繪本感動力：臺灣繪本創作者的故事》	陳玉金	天衛文化
《書、兒童與成人》	保羅·亞哲爾	

機構名稱	網址
綠腳丫	http://www.hapischool.net/readingclub/
Bring me a book	https://www.bringmeabook.org.hk/
繪本花園	https://children.moc.gov.tw/animate_list?type=1
香港兒童文學文化協會	http://www.clca.org.hk/
豐子愷兒童圖書獎	http://fengzikaibookaward.org/en/

《一定要比賽嗎？》

作者： 潔美李・寇蒂斯

出版社： 格林文化

《小黃點》

作者： 赫威・托雷

繪者： 赫威・托雷

譯者： 周婉湘

出版社： 上誼文化公司

《不要一直催我啦！》

作者： 益田米莉

繪者： 平澤一平

譯者： 米雅

出版社： 三之三文化

《生氣》

作者：中川宏貴

繪者：長谷川義史

譯者：游珮芸

出版社：青林

《生氣湯》

作者： 貝西・艾芙瑞

繪者： 貝西・艾芙瑞

出版社： 上誼文化公司

《好多好吃的雞蛋》

作者： 山岡光

繪者： 山岡光

譯者： 王俞惠

出版社： 水滴文化

《尿床專家》

作者： 正道薰

繪者： 橋本聰

譯者： 謝依玲

出版社： 小熊出版

《哪裡才是我的家？》

作者： 金皆竑、林珊

繪者： 劉昊

出版社： 湖南少年兒童出版社（簡體字版）

　　　　木棉樹（繁體字版）

《我愛星期六》
作者： 伊恩·倫德勒(美)
繪者： 塞爾日·布洛克(法)
譯者： 張琪惠
出版社： 北京科學技術出版社

《香港遊》
作者： 孫心瑜
繪者： 孫心瑜
出版社： 小魯

《抱抱》
作者： 傑茲·阿波羅
繪者： 傑茲·阿波羅
出版社： 上誼文化公司

《停電了》
作者： 約翰·洛可
譯者： 郭恩惠
出版社： 小天下

《爸爸山》
作者： 曹益欣
繪者： 曹益欣
出版社： 聯經出版公司

《眼淚海》
作者： 徐賢SEOHYUN
繪者： 徐賢SEOHYUN
譯者： 張琪惠
出版社： 三之三文化

《爸爸跟我玩》
作者： 渡邊茂男
繪者： 大友康夫
出版社： 上誼文化公司

《被遺忘的小綿羊》
作者： 豐福摩希子
繪者： 豐福摩希子
譯者： 蘇懿禎
出版社： 聯經出版公司

繪本資料

（按筆劃序）

《這個節日是春天》
作者： 黃雅文
繪者： 馬新階
出版社： 木棉樹

《森林裡的帽子店》
作者： 成田雅子
繪者： 成田雅子
譯者： 周姚萍
出版社： 小魯文化

《街道是大家的》
作者： 庫路撒
繪者： 墨尼卡・多朋
譯者： 楊清芬
出版社： 遠流

《媽媽的一碗湯》
作者： 郝廣才
繪者： 潘麗萍
出版社： 格林文化

《媽媽，買綠豆！》
作者： 曾陽晴
繪者： 萬華國
出版社： 信誼基金出版社

《電車小叮在哪裡？》
作者： 劉清華、林建才
繪者： 劉清華、林建才
出版社： 木棉樹

《噓！我們有個計劃！》
作者： 克里斯霍頓
繪者： 克里斯霍頓
譯者： 陶樂絲
出版社： 格林文化

《誰在放屁》
作者： 谷川俊太郎
繪者： 飯野和好
譯者： 墨彩
出版社： 遠流出版事業股份有限公司

《誰是老大》

作者： 謝宜蓉

繪者： 謝宜蓉

出版社： 信誼基金出版社

《彩色怪獸》

作者： 安娜·耶拿絲

繪者： 安娜·耶拿絲

譯者： 李家蘭

出版社： 三采文化

香港青年協會簡介

香港青年協會（hkfyg.org.hk｜m21.hk）

香港青年協會（簡稱青協）於1960年成立，是香港最具規模的
青年服務機構。隨著社會不斷轉變，青年所面對的機遇和挑
戰時有不同，而青協一直不離不棄，關愛青年並陪伴他們一同
成長。本著以青年為本的精神，我們透過專業服務和多元化活
動，培育年青一代發揮潛能，為社會貢獻所長。至今每年使用
我們服務的人次達600萬。在社會各界支持下，我們全港設有
80多個服務單位，全面支援青年人的需要，並提供學習、交流
和發揮創意的平台。此外，青協登記會員人數已達45萬；而為
推動青年發揮互助精神、實踐公民責任的青年義工網絡，亦有
逾20萬登記義工。在「青協‧有您需要」的信念下，我們致力拓
展12項核心服務，全面回應青年的需要，並為他們提供適切服
務，包括：青年空間、M21媒體服務、就業支援、邊青服務、輔
導服務、家長服務、領神培訓、義工服務、教育服務、創意交
流、文康體藝及研究出版。

青協網上捐款平台
e‧Giving

好家伙 —— 繪本閱讀之道

出版：香港青年協會

訂購及查詢：香港北角百福道21號

香港青年協會大廈21樓專業叢書統籌組

電話：(852) 3755 7108

傳真：(852) 3755 7155

電郵：cps@hkfyg.org.hk

網頁：hkfyg.org.hk

網上書店：books.hkfyg.org.hk

M21網台：M21.hk

版次：二零一九年七月初版

國際書號：978-988-79950-6-7

定價：港幣120元

顧問：何永昌

督印：徐小曼

編輯委員會：趙嘉汶、陳鳳儀、陳歡怡、關倩琳、李嘉蔚、謝紫華、陳詠琪、黃凱茵

鳴謝：陳惠玲博士、杜陳聲珮博士、黃潔薇博士、張文惠博士、柯佳列先生

執行編輯：周若琦

訪問及撰文：周若琦、朱鳳翎、柯美君

設計及排版：何慧敏

製作及承印：活石印刷有限公司

Storypicks

Publisher: The Hong Kong Federation of Youth Groups

21/F, The Hong Kong Federation of Youth Groups Building,

21 Pak Fuk Road, North Point, Hong Kong

Printer: Living Stone Printing Co Ltd

Price: HK$120

ISBN: 978-988-79950-6-7